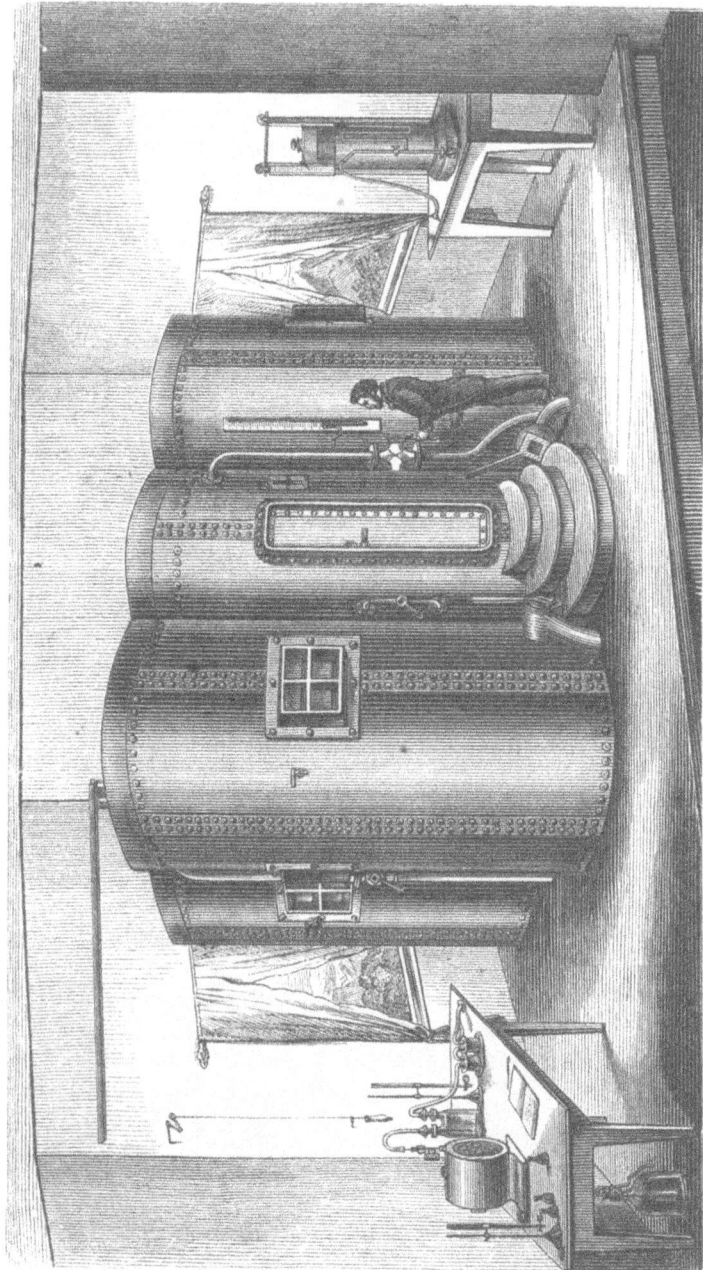

Der pneumatische Apparat der Gebr. Mack zu Reichenhall.

gez. von Max Kretmer.

Untersuchungen

über die

Ventilation und Erwärmung

der

pneumatischen Kammern

vom ärztlichen Standpunkt

angestellt am pneumatischen Apparate der Gebrüder Mack
in Reichenhall.

Von

Dr. G. v. Liebig,

Gr. Hess. Hofrath, kgl. Bezirksarzt in Reichenhall, Mitglied des Royal
Coll. of Surgeons.

Mit einem Holzschnitt und einer Tafel.

München, 1869.
Verlag von R. Oldenbourg.

Die Anwendung des erhöhten Luftdrucks in pneumatischen Kammern ist jetzt schon bei gewissen Krankheiten eine so segensreiche geworden, daß es wohl der Mühe werth ist, die Bedingungen eines ganz gesundheitsgemäßen Betriebes der Kammern näher kennen zu lernen. Wir gelangen durch solche Kenntniß dazu gewisse, mit dem seither gewöhnlichen Betriebe verbundene Nachtheile zu verbessern, welche dem Gebrauche der Kammern in einzelnen Fällen noch im Wege standen.

Im Folgenden übergebe ich die Untersuchungen welche ich in dieser Richtung seit dem Jahre 1866 mit Hülfe des pneumatischen Apparates der Gebrüder Mack in Reichenhall zu machen Gelegenheit hatte, der Oeffentlichkeit, wobei die Veränderungen zur Sprache kommen werden, welche im Betriebe dieses Apparates die Folge waren.

Die tüchtigen Arbeiten der Vorgänger, worunter ich im nördlichen Europa besonders R. v. Vivenot, G. Lange, J. Lange und Sandahl erwähne, mußten vorhergehen, um uns in den Stand zu setzen, jetzt neue Vorschläge machen zu können.

Die Beschreibung der Kammern selbst kann ich hier um so kürzer fassen, als diese sich nur in unwesentlichen Punkten von den bestehenden unterscheiden, welche schon mehrfach genau beschrieben worden sind.*) Von den hier eigenthümlichen Einrichtungen hebe ich hervor

---

*) Dr. (G.) Lange, ber Pneumatische Apparat, Wiesbaden 1865. Oscar Th. Sandahl des Bains d'air comprimé, Stockholm 1867.

4

die Messung des Ueberdrucks an dem Regulator, anstatt an den
Kammern, die Ventilation und Erwärmung und die häufige Beobach=
tung des Psychrometers als Controle für die Leitung der Sitz=
ungen.

Ein pneumatischer Apparat ist ein geschlossener Raum in Form
einer runden Kammer, dessen Wände hinreichend dicht aneinander ge=
fügt sind und dessen Thüren gut genug schließen, um durch Einpum=
pen von Luft die Hervorbringung eines höheren, gleichmässig anhalten=
den Luftdrucks zu ermöglichen.

Der Apparat der Gebrüder Mack hat drei gleich große Kam=
mern von Eisenblech, welche durch eine Vorkammer in Verbindung
stehen. Zwei davon lehnen sich an die dritte, mittlere, an. Die
Mittelpunkte der drei Kammern bilden die Endpunkte eines gleich=
schenkeligen Dreiecks, dessen Basis breiter ist, als die beiden gleichen
Seiten. Der dadurch zwischen den beiden auf den Endpunkten der
Basis stehenden Kammern freigelassene Raum bildet die Vorkammer,
indem er durch eine an die beiden letztgenannten Kammern anstoßende
Wand nach Außen abgeschlossen ist. Diese Wand hat eine Thüre
nach Außen, durch welche man zuerst in die Vorkammer eintritt, und
aus dieser gelangt man durch andere Thüren in jede der drei
Kammern.

Jede Kammer ist durch drei Fenster von dickem Glase hinlänglich
erleuchtet.

Der ganze Apparat steht in dem heizbaren Zimmer eines abge=
sonderten kleinen Gebäudes im Garten der Bade= und Inhalationsan=
stalt der Gebrüder Mack, welches noch ein Vorzimmer hat. Das
Zimmer hat ringsum Fenster, so daß hinlänglich Licht in die Kam=
mern des Apparates fällt.

Jede der drei Kammern und die Vorkammer haben eigene Ab=
flußröhren für die Luft, welche ins Freie gehen. Ein an jedem Ab=
flußrohre angebrachter Hahn gestattet es, der Luft einen größeren oder
geringeren Abfluß zu gewähren.

Der Eintritt der Luft in die Kammern geschieht durch die Vorkammer.

Die Luftpumpe steht in dem etwas entfernten Maschinenhaus
und die Luft wird vermittelst eines weiten Blechrohres eingesogen,
welches durch das Dach dieses Maschinenhauses ins Freie führt. Die

Luftpumpe treibt die Luft zuerst in einen kleinen eisernen Sammelkasten und aus diesem in die Leitung. Die Leitung beginnt mit einem kurzen, etwa 1½ Fuß (44 Centimeter) langen eisernen Rohre, dessen eines Ende sich unmittelbar an den Regulator anschließt. Das andere Ende theilt sich in zwei kurze Arme, welche zum Ansatze dienen für zwei ebenfalls eiserne Röhren, von etwa 3 Zoll (7 Cent.) Durchmesser und 100 Fuß (29 Meter) Länge. Diese beiden Röhren laufen unterirdisch in einiger Entfernung nebeneinander her und treten am Apparate angelangt zu beiden Seiten der Thüre der Vorkammer in diese ein. Vor seinem Eintritt ist jedes Rohr mit einem Hahne versehen. Die Vorkammer hat, wie die Kammern einen hölzernen, durchlöcherten Fußboden. Unterhalb dieses Fußbodens ist eine Oeffnung in der Wand welche die Kammern von der Vorkammer trennt und durch diese Oeffnung gelangt die Luft unter den Fußboden der Kammer. Durch die Löcher dieses Bodens, welche durch einen Teppich verdeckt sind, tritt die Luft dann in die Kammern ein.

Mit der Vorkammer in Verbindung ist außen neben der Thüre ein Quecksilber-Manometer angebracht, in Millimeter getheilt, zur Beobachtung des Druckes. Neben der Thüre läuft auch das Abflußrohr der Vorkammer herab, dessen Hahn mit Handgriff in bequemer Höhe angebracht ist zur Regulirung des Druckes. Von diesem Standorte aus kann der den Druck regulirende Gehülfe leicht ein am nächsten Fenster der einen Kammer inwendig stehendes August'sches Psychrometer beobachten.

Man sieht, daß die Vorkammer hier als größerer Regulator für den Druck in den Kammern dient.

Der Austritt der Luft aus den Kammern geschieht durch Oeffnungen oben, nahe der Decke, die mit Sieben verschlossen sind. An diese setzen sich die Abzugsrohre an. Durch Einlegen eines Tuches am Anfang der eisernen Abzugsrohre wird das Tönen derselben beim Ausströmen der Luft verhütet.

Die Hähne der Abzugsrohre werden so gestellt, daß immer so viel Luft abfließen muß, um einen hinreichend großen Luftwechsel zu bewirken. Ueber die Größe des nöthigen Luftwechsels und über die Prinzipien, welche diesem zu Grunde liegen (Ventilation) wird weiter unten gesprochen werden. Die Oeffnung jeder Abzugsröhre bleibt während der

6

ganzen Sitzung (1¼—2 Stunden) dieselbe und richtet sich nach der Anzahl der Personen in jedem Kabinet. Gleichzeitig fließt immer noch Luft aus dem Abzugsrohre der Vorkammer ab.

Die Größenverhältnisse der Kammern in bayr. Maaß und Meter sind folgende: Jede Kammer hat 8' (2,33 M.) Höhe und 7' (2,04 M.) Durchmesser, also eine Grundfläche von 3,276 Quadratmeter und einen Inhalt von 7,651 Cubikmeter oder 7651 Liter. Die Vorkammer ist viel kleiner, sie hat eine mittlere Breite von 3,5' (1 M.) und eine Tiefe von 4,5' (1,3 M.), und etwas geringere Höhe als die Kammern. Die Kammern sind groß genug um je 3 erwachsene Personen um einen runden Tisch in der Mitte sitzend, bequem aufnehmen zu können also im Ganzen 9 Personen; ihre Wände sind getäfelt und tapezirt.

Die Luftpumpe, welche doppelt wirkend ist, hat einen Raum, oder Kolbenhub von 31,5 Cm. Höhe und 23,5 Cm. Durchmesser, also 13,65 Liter Inhalt. Ein Auf= und Abgang des Kolbens, Hub, fördert demnach 27,3 Liter Luft. Der Kolben bewegt sich, wenn alle Kammern besetzt sind, bis etwas über 140 Mal in der Minute auf und ab; er wird durch eine Dampfmaschine getrieben.

Der den Druck regulirende Gehülfe steht an der Vorkammer und beobachtet das Manometer und Psychrometer. Zeigt der Druck Neigung über die gewünschte Höhe zu steigen, so öffnet er den Hahn am Abzugsrohre der Vorkammer ein wenig, läßt der Druck nach, so schließt er ihn etwas mehr, so daß der Zufluß in den Kammern selbst immer gleichmäßig bleibt, sowie er durch die Größe des Abflusses bedingt ist. Man bemerkt, daß in die Vorkammer immer ein Ueberschuß an Luft einströmen muß, um die gleichmäßige Regulirung zu ermöglichen.

Die Beobachtung des Psychrometers giebt die Temperatur und Feuchtigkeit und dient zur Regulirung der Erwärmung oder Abkühlung.

Die hier beschriebene Art der Regulirung des Druckes unterscheidet sich von der gewöhnlichen dadurch, daß hier die Drucksteigerung bewirkt wird, indem man den Zufluß der Luft vermehrt, während derselbe Zweck an anderen Anstalten dadurch erreicht wird, daß man den Abfluß der Luft beschränkt.

Bei den mir bekannten Apparaten an anderen Orten geschieht die Regulirung des Druckes indem man den Hahn des Abflußroh=

res etwas mehr schließt*), um den Druck zu erhöhen und etwas mehr öffnet, um ihn zu erniedrigen. Der Regulator dient dort wesentlich dazu, die einzelnen Stöße der Luftpumpe auszugleichen, damit man sie in der Kammer nicht fühlt und dieser Zweck wird durch unsere Vorkammer ebenfalls erfüllt. Man verliert bei der hier angegebenen Benützung der Vorkammer als Regulator den Vortheil, eine jede Kammer einzeln für sich benutzen zu können. Mit Hülfe der Vorkammer ist es aber Herrn Mack möglich gewesen, eine besondere Einrichtung zu treffen, wodurch in einer von den Kammern gleichzeitig ein geringerer Druck angewandt werden kann, als in den beiden anderen.

Es wurde gesagt, daß zwei Zuleitungsröhren für die Luft vorhanden seien, die zu jeder Seite der Thüre der Vorkammer in diese einmünden. In dem einen Rohre wird die durchströmende Luft erwärmt, in dem andern abgekühlt. Der Gehülfe leitet den Zufluß nach Bedürfniß, mit Hülfe der an diesen Röhren befindlichen Hähne.

Das eine der Leitungsrohre liegt der ganzen Länge nach frei in einem hölzernen, gut schließenden Kasten, oder hölzernen Rohre von 1 □′ Querschnitt, in welchen von Anfang der Sitzung an der aus dem Dampfcylinder der Luftpumpe abgängige Dampf einströmt. Der Dampf tritt durch eine Oeffnung am Ende der Leitung wieder ins Freie und erwärmt so das eiserne Leitungsrohr. Wenn diese Heizung eine Zeit lang im Gange ist, beobachtet man bei einer äußeren Temperatur von nahe an 0° eine Temperatur der in die Vorkammer einströmenden Luft bis nahezu 40° C. an der Eintrittsöffnung.

Das zweite Rohr ist mit einem anderen weiteren eisernen Rohre umgeben, welches wasserdicht schließt, so daß der Raum zwischen beiden Röhren mit kaltem laufendem Wasser angefüllt werden kann. Dieses kommt aus einer Reserve, welche aus dem im Maschinenhaus befindlichen Brunnen mit Wasser von 10—12° C. fortwährend voll erhalten wird. Am Ende der eisernen Leitung steigt das Wasser in einem Bleirohre in die Höhe und ergießt sich in einen kleinen Behälter ober-

*) Dr. G. Lange l. c.

8

halb der 3 Kammern aus dem es nach Bedürfniß durch ein Ableitungs=
rohr gleich wieder wegfließt, oder aus dem es auf die Decke jeder
Kammer geleitet werden kann. Diese Art der Abkühlung der Decke
ist bei G. Lange und Sandahl schon beschrieben. Jede Decke ist
am Rande mit einem Blechstreifen eingefaßt, der mehrere sehr kleine
verschließbare Löcher hat. Ist es nöthig, dann öffnet man diese Löcher
aus welchen das Wasser heraussickert, um breite Bahnen aus grobem
Leinenstoff zu befeuchten, welche an den eisernen Wänden der Kam=
mern anliegen. Da verdunstet das Wasser und erzeugt eine bedeutende
Abkühlung der Wände.

An der Eintrittsstelle des Rohres in die Vorkammer konnte man
bei äußeren Temperaturen von 22—27° C. (18—22° R.) eine Abküh=
lung auf 15° C. (12° R.) beobachten.

Bei aufmerksamer Handhabung dieser Mittel läßt sich die Tempe=
ratur im Innern der Kammer hinreichend gleichmäßig erhalten.

Durch eine schon angedeutete Einrichtung ist es möglich, die eine
der drei Kammern unter einem von dem Druck der beiden anderen
verschiedenen geringeren Druck zu erhalten. Die Oeffnung, welche unter
dem Boden der Vorkammer in diese Kammer führt, steht nämlich
nicht direct mit der Vorkammer in Verbindung, sondern dient einem
kupfernen etwa 3 Cent. weiten Rohre zum Ansatz, welches unter dem
Boden der Vorkammer hinläuft und neben der Thüre die Wand der
Vorkammer nach Außen durchbricht. Dort biegt es sich nach aufwärts
um, bildet einen Bogen von etwas über einen Fuß Länge und tritt
dann oberhalb der Austrittsstelle wieder in die Vorkammer zurück.
Der auf diese Weise außerhalb der Vorkammer zum Vorschein kom=
mende Abschnitt des Rohres trägt einen Hahn, welcher dazu dient
den Zufluß der Luft in das betreffende Cabinet etwas zurückzuhalten
wodurch in diesem ein geringerer Druck möglich wird, den man eben=
falls an einem Manometer beobachtet.

Die Sitzungen für die Patienten dauern bei einem Ueberdruck von
32 Cm. Quecksilber zwei Stunden, bei geringerem Ueberdruck etwas
weniger lang, weil dann die zum Steigen und Fallen des Druckes
verwendete Zeit kürzer sein darf. Bei 32 Cm. Ueberdruck braucht man
25—30 Minuten um den Druck auf diese Höhe wachsen zu lassen.
Wenn er die gewünschte Höhe erreicht hat, hält man ihn 40 Minuten

bis 1 Stunde constant, und verwendet dann die übrige Zeit zum Fal=
len. In den meisten Fällen ist es möglich, die Zeit des Fallens auf
30 bis 35 Minuten zu beschränken und der constante Druck wird dann
1 Stunde beibehalten.

Bei der Anlegung des Apparates war die Einrichtung eine an=
dere als hier dargestellt ist. Es war nur ein Zuleitungsrohr vor=
handen, welches sich kurz vor seinem Eintritt in den Apparat in 4 Zweige
theilte, von denen zu jeder Kammer und zur Vorkammer einer ging,
und jede Kammer hatte ihr eigenes Manometer. Man war dabei
von dem Gedanken ausgegangen, die Vorkammer für gewöhnlich nicht
unter Druck zu setzen und diesen nur herzustellen, wenn während der
Sitzung jemand den Apparat verlassen wollte. Ein solcher Fall ist
bis jetzt noch nicht vorgekommen, und man müßte, wenn er vorkäme,
in sämmtlichen Kammern den Druck herablassen. Diese Unbequemlich=
keit würde vermuthlich für die übrigen in den Kammern verweilenden
Personen kaum größer sein, als eine durch die Füllung der Vorkam=
mer und durch Aenderung des Druckes entstehende Beunruhigung, die
noch erhöht werden würde durch das Bewußtsein, daß sich jemand
unwohl fühle, welches schon durch das Ertönen der zur Mittheilung
nach außen an jeder Kammer angebrachten Pfeife erweckt würde.
Der Fall ist, wie gesagt, noch nicht vorgekommen, und wird auch hof=
fentlich nie eintreten, da man jeden Patienten zuerst unter geringe=
rem Druck an die Sitzungen gewöhnt.

Der zweite leitende Gedanke war der, daß man durch eine abge=
sonderte Leitung für jede Kammer, unter Abschluß der übrigen auch
eine einzelne Kammer für sich benutzen könnte. Wie die Einrichtung
jetzt ist, müssen wenigstens zwei Kammern gleichzeitig unter Druck ge=
setzt werden, da aber meist mehrere Personen die Kammern benützen,
so ist dies kein Nachtheil.

Wenn man den Apparat neu anzulegen hätte, würde begreiflicher
Weise sowohl auf diese Zwecke als auch auf ihre Verbindung mit un=
serer neuen Einrichtung des Betriebes von vorne herein Rücksicht ge=
nommen werden.

Anfangs geschah die Regelung wie bei anderen Apparaten an den
Abzugsröhren der Kammern. Als aber vergleichende Versuche, welche
ich im Herbste 1866 anstellte und wobei zwei Kammern in Verbindung

gesetzt wurden, ergaben, daß in derjenigen Kammer, deren Abfluß zur Regulirung benutzt wurde, größere Temperaturänderungen eintraten, als in der andern, ferner daß eine ausgiebigere Ventilation angebracht werden müsse, welche bei der alten Betriebsweise nicht möglich war, endlich auch, daß zwei Zuleitungsröhren für die Regelung der Temperatur erforderlich sein würden*), so mußte die Vorkammer in der angegebenen Weise benutzt werden.

Der Unterschied der neuen Betriebsweise von der alten tritt in der weiter unten zu erörternden Verschiedenheit in dem Gange des Drucks, der Temperatur und der Feuchtigkeit deutlich hervor.

Im Folgenden werde ich die Veränderungen in der Temperatur und Feuchtigkeit der Kammern betrachten, welche durch das Ansteigen und Fallen des Druckes bewirkt werden.

Es ist bekannt, daß Wärme frei wird, wenn man die Luft zusammendrückt, und daß bei Ausdehnung, oder Verdünnung der Luft Abkühlung eintritt. So wird beim allmäligen Einpumpen von Luft in die Kammer ebenfalls Wärme frei, und die Temperatur kann bei rascher Drucksteigerung um 5—6° C. steigen. Diese Temperaturerhöhung gleicht sich beim Constantwerden des Druckes wieder aus, sowie aber die Luft abgelassen wird, fällt die Temperatur um so rascher, je schneller dies geschieht. Um diese Verhältnisse näher kennen zu lernen wurde folgender Versuch gemacht: Am 28. August 1866, nachdem die Morgensitzung um 11 Uhr 15 Min. beendet war, ließ man um 11 Uhr 17 Min. mit Verschluß des Abzugshahnes in einer Kammer den Druck so rasch als möglich steigen, hielt ihn dann constant etwa eine Stunde lang auf der Höhe von etwa 32 Cm. Ueberdruck und ließ ihn nach Ablauf dieser Zeit durch weite Oeffnung des Abzugshahnes wieder rasch fallen. Die Temperatur in der Kammer wurde von Außen durch ein Fenster beobachtet. Der Druck und die Temperaturen, welche während dieses Vorgangs beobachtet wurden, sind an den Ausgangs- und Wendepunkten folgende:

---

*) Der Grund, welcher eine doppelte Zuleitung nöthig machte, wird später angegeben werden.

	Zeit	Ueber= druck. Mm.	Temp. d. Kammer °C.	Unter= schied. °C.	Temp. d. Zimmers. °C.	Temp. im Freien. °C.
1	11 Uhr 15 M.	—	18.3			
2	11 „ 17 „	0	Anfang der Drucksteigerung			
3	11 „ 18 „	74	18.9	} 5.8	20.4	21.0
4	11 „ 22½ „	324	24.7	} 4.85		
5	11 „ 39½ „	324	19.85	}		
6	12 „ 41 „	324	19.85	}	20.8	21.7
			Die Luft	entweicht rasch.	Nebelbildung.	
				} 5.6		
7	12 „ 42 „	0	16.2			
8	12 „ 44 „	—	14.2	}	22.2	23.0

Luft wird fortwährend durch die Kammer gepumpt bei offenem Abfluß.

| 9 | 12 „ 55 „ | — | 18.7 | | | |

Man bemerkt aus den Beobachtungen 1 und 9, daß die Tempe= ratur der in die Kammer gelangenden Luft während der Dauer der Versuche von 18.3° auf 18.7° gestiegen war. Die Temperatur im Zimmer und im Freien war ebenfalls, um etwas mehr, gestiegen; die niedrigere Temperatur der Luft, welche in die Kammer gelangte erklärt sich durch den Einfluß der unterirdischen Leitung. — Man bemerkt, daß in der Kammer bei Erreichung der größten Druckhöhe, die Temperatur um 5.8° C. gegen die Beobachtung 3 gestiegen war. Die genaue Anfangstemperatur um 11 Uhr 17 Minuten war nicht beobachtet worden. Siebzehn Minuten nach Erreichung des con= stanten Druckes (Beob. 5) hatte sich die Temperatur in der Kammer mit der Umgebung ausgeglichen und blieb jetzt constant bis zum Fallen des Druckes (Beob. 6). Nach einer Minute war die Luft be= reits entwichen und erzeugte durch die plötzliche Verdünnung eine so rasche Abnahme der Temperatur, daß das Thermometer nicht folgen konnte. Erst zwei Minuten später erreichte dieses seinen tiefsten Stand (Beob. 8) — die Abnahme betrug 5.6° C. Nach weiteren 10 Minuten hatte das Thermometer wieder die Temperatur der ein= strömenden Luft angenommen. (Beob. 9).

Die Fig. I gibt diese Verhältnisse in Form von zwei Curven. Die horizontalen Abtheilungen geben die abgelaufene Zeit in Minuten die senkrechten bedeuten den Druck in Mm. und die Temperatur in ° C.

Die äußere stärkere Curve gibt den Gang des Druckes, die innere

feinere, den Gang der Temperatur. Die Beobachtungen, welche zur
Construction der Curve dienten, sind in den Tabellen am Schluße ent=
halten. Man bemerkt in der 34. Minute einen scharfen Einschnitt in
der Linie des Druckes, der ein Sinken und gleichdarauf folgendes Steigen
des Druckes um 6 Millimeter anzeigt. Diesem Einschnitt entspricht ge=
nau um dieselbe Zeit ein ähnlicher Einschnitt in der Linie der Tem=
peratur, der ein Sinken und Steigen um 0.1° C. bedeutet und deutlich
macht wie unmittelbar die Temperatur von jedem Wechsel des Druckes
beeinflußt wird. An einem späteren Theil der beiden Curven bemerkt
man ebenfalls kleine Veränderungen, die sich zwar ebenfalls ent=
sprechen, aber nicht so scharf wie die erstgenannten, was zum Theil
an dem etwas zurückbleibenden Gange des Thermometers liegt, theils
auch daran, daß zuletzt weniger häufig abgelesen wurden.

Ueber den ganzen Vorgang ist folgendes zu bemerken:

Da die Verdichtung der Luft in der Kammer in ihrer ganzen
Masse gleichzeitig stattfindet, so wird auch überall Wärme frei und
eine Erhöhung der Temperatur läßt sich daher gar nicht vermeiden.
Wenn die Luft in der Kammer beispielsweise unter 30 Cm. Ueberdruck
steht, so nimmt sie, da der mittlere Barometerstand hier 72 Cm. beträgt,
etwa 7 Zehntheile ihres früheren Volums ein. Es müssen also, um
den Ueberdruck zu erreichen, 3 Zehntheile des Volums unter allmälig
steigendem Drucke durch die Luftpumpe zugeführt werden. Angenommen
dieses geschehe plötzlich, und die Luft könne aus der Kammer nicht
entweichen, so würde die sämmtliche vorhandene und dazu die neu ein=
geführte Luft in ihrer ganzen Masse auf einmal verdichtet werden, und
die Folge würde eine viel größere Temperaturerhöhung sein, als wir
sie beobachtet haben. Mehrere Umstände tragen dazu bei, diese größere
Temperatursteigerung nicht zur Beobachtung kommen zu lassen. Es wird
die neuzugeführte Luft, je mehr der Druck steigt, um so stärker schon
in der Luftpumpe zusammengedrückt werden müssen, und deßhalb findet
bei einem beträchtlichen Theile dieser Luft die Wärmeentwicklung schon
in der Luftpumpe statt, und diese Luft kann daher auch schon auf dem
Wege abgekühlt werden, ehe sie in die Kammer eintritt. Sie wird sich
daher kühler mit der in der Kammer befindlichen mischen und einen
Theil der Wärme aufnehmen. Eine andere Quelle der Abkühlung ist
der fortwährende Luftwechsel in den Kammern, da diese nicht ganz

Luftdicht sind und da außerdem während der Sitzungen auch bei steigendem Drucke ein starker Abfluß stattfinden muß, wegen der Ventilation. Die abfließende Luft wird durch neue und kühlere ersetzt, weil die neu eintretende Luft schon in der Leitung etwas von ihrer Wärme verloren hat. Endlich geschieht schon während der Drucksteigerung eine Ausgleichung mit der Temperatur des Zimmers. Diese Einflüsse kommen um so mehr zur Geltung, je langsamer man den Druck steigen läßt, und je größer der Luftwechsel ist. Trotzdem aber läßt sich, aus dem oben angegebenen Grunde eine Temperaturerhöhung vollständig nicht verhüten, der Versuch würde wenigstens eine so starke Abkühlung der einströmenden Luft erfordern, wie sie nur schwierig zu beschaffen wäre. Wenn der Druck anfängt constant zu bleiben, so findet, wie wir gesehen haben, bald eine Ausgleichung statt, weil keine weitere Verdichtung erfolgt. Er strömt nämlich gerade so viel Luft ab, als zugeführt wird, und die zugeführte Luft ist schon in der Luftpumpe und in der Leitung abgekühlt worden. Während des constanten Druckes ändert sich die Temperatur in der Kammer nicht merklich, so lange die Temperatur des Zimmers und der zuströmenden Luft, sowie der Luftwechsel nur in geringen Grenzen schwanken. Selbst größere vorübergehende Temperaturwechsel der einströmenden Luft vor ihren Eintritt in die Luftpumpe waren bei unserem Versuche ganz ohne Einfluß, weil eine Ausgleichung auf dem Wege durch die Leitung stattfand. Die Leitung war bei dem Versuche weder erwärmt noch abgekühlt.

Beim Fallen des Druckes verdünnt sich die Luft in der Kammer weil mehr ausströmt, als zugeführt wird. Die Folge davon ist ein fortwährendes Sinken der Temperatur durch die ganze Luftmasse, um so stärker, je rascher die Luft entweicht. In unserem Falle fiel sie fast augenblicklich, um mehr als 5.6° C. Der tiefste Stand des Thermometers war niedriger als der beobachtete von 14.2°, weil wegen der langsamen Mittheilung der Temperatur an das Instrument diese Beobachtung schon wieder von der beginnenden Ausgleichung mit der Temperatur der Umgebung beeinflußt war, so weit eine Ausgleichung in 3 Minuten möglich ist.

Man hat, wegen der geringeren technischen Schwierigkeiten, eine Verhütung der Abkühlung in der Kammer besser in der Gewalt, als eine Verhütung der Temperatursteigerung. Durch eine starke Erwär=

mung der eintretenden Luft kann man immer so viel bewirken, daß ein großer Theil der Temperaturabnahme sogleich wieder ersetzt wird, indem die eintretende Luft einen Theil ihrer Wärme an die in der Kammer vorhandene abgibt. Bei der Sitzung am 23. Sept. 1868 — Fig. IV — besaß die eintretende Luft zuletzt eine Temperatur von 42° C. und es wurde dadurch bewirkt, daß die Luft in der Kammer nicht unter 19° C. fiel, der ganze Unterschied dieser Temperaturen, 23° C., verschwand also in Folge der Verdünnung der Luft in der Kammer. Man sieht hieraus wie stark die Abkühlung der eintreten= den Luft sein müßte, um eine ähnliche Wirkung beim Steigen des Druckes hervorzubringen.

Um das Verhalten der Feuchtigkeit kennen zu lernen, wurde unter Beobachtung des August'schen Psychrometers, ein zweiter Versuch in folgender Weise gemacht:

Es wurde die Luft in den 3 Kammern in 10 Minuten auf etwa 30 Cm. Ueberdruck verdichtet, dann alle Abzugs= und Zuleitungshähne geschlossen und der Ueberdruck so einer langsamen Ausgleichung über= lassen, indem man die Luft durch die natürlichen Undichtheiten der Kammer entweichen ließ. Dazu war etwa eine halbe Stunde erforder= lich. Hier also fand kein Luftwechsel statt, und es ist interessant zu sehen, wie sehr dabei der Einfluß der Ausgleichung mit der Zimmer= Temperatur zur Geltung kam.

Die Ausgangs= und Wendepunkte der Temperatur und des Druckes sind folgende: (Fig. II)

Zeit			Druck	Nasses Therm.	Trocknes Therm.	Thermom.= Diff.	Zimmer= Temp.
			Mm.	° C.	° C.	° C.	
1. 11 Uhr	24	M.	0	Anfang des Versuches			
2. 11	„ 25	„	—	17.9	18.9	1.0	19.7
3. 11	„ 30	„	280	21.9	23.9	2.0	
4. 11	„ 34	„	304	21.0	22.5	1.5	
5. 11	„ 41	„	174	18.2	18.3	0.1 Nebelbildung	
6. 11	„ 42½	„	152	17.8	17.8	0.0	
7. 11	„ 45	„	104	17.2	17.2	0.0	
8. 11	„ 46	„	86	17.0	17.1	0.1	
9. 12	„ —	„	4	17.5	18.2	0.7	20.4

Man bemerkt wieder, daß die Temperatur mit dem anfangs rasch steigenden Druck ebenfalls zunimmt (1—3). Als aber der Druck zuletzt viel langsamer fortfuhr zu steigen (3 und 4) machte sich schon während des Steigens eine Ausgleichung geltend, und die Temperatur begann zu fallen, noch ehe der Druck seine volle Höhe erreicht hatte. Die Differenz zwischen den Thermometern ist am größten an den Höhepunkten der Temperatur (3), wo sie 2° beträgt; mit dem anfangs rascher fallenden Druck nähern sich dann die Temperaturen des trockenen und feuchten Thermometers immer mehr und treffen endlich zusammen, aber schon früher, als die Differenz noch 0.1 betrug, trat Nebelbildung ein (5). Nun schreitet das Fallen des Druckes langsamer vor, und die Luft in der Kammer hat deßhalb Zeit von Außen wieder Wärme aufzunehmen (8), wodurch ein zweites langsames Steigen der Temperatur und von neuem ein Auseinanderweichen der Thermometerangaben beginnt (9). Die Abbildung II versinnlicht das beschriebene Verhalten. Die Scala für die Zeit ist hier doppelt so groß genommen, als bei der vorigen Figur. Die untere Curve gibt den Gang des nassen, die mittlere den des trockenen Thermometers, die äußere stärkere den Druck. Die Beobachtungen, welche zur Construction der Curven dienten, finden sich in einer Tabelle am Schlusse.

Die relative Feuchtigkeit steht in verkehrtem Verhältniß zu der Differenz der beiden Thermometer, nimmt die letztere zu, dann nimmt die Feuchtigkeit ab, und umgekehrt. Man bemerkt also hier eine Abnahme der relativen Feuchtigkeit mit der zunehmenden Temperatur und eine Zunahme bei der sinkenden Temperatur.

Die Angaben des August'schen Psychrometers sind auch unter erhöhtem Drucke verläßlich, wie eine Vergleichung mit den Angaben des Regnault'schen Condensations-Hygrometers erwiesen hat*). Bei einer mittleren Temperatur von 14° C. der Versuchsräume fand man in zwei Versuchsreihen einen Unterschied von 10% der relativen Feuchtigkeit zwischen der Luft in der Kammer unter 32—40 Cm. Ueberdruck und der Luft des Zimmers unter gewöhnlichem Drucke. Die Versuche wurden so angestellt, daß jedesmal 4 Tage im Zimmer und 4 Tage in der Kammer beobachtet wurde, und zwar wurden, während einer

*) Biologie 1869. I. Heft. St. 8.

Versuchsdauer von immer etwa 2 Stunden, in gleichen Abständen jedesmal 4, also im Ganzen 16 Beobachtungen gemacht. Die erste Reihe im Winter 1847 ergab eine Sättigung im Zimmer von 68 pCt. in den Kammern von 78 Procent. Die zweite Reihe im Herbst 1868 ergab in den Kammern 84 pCt., im Zimmer 73 pCt. Feuchtigkeit. Es wurden dabei immer zwei Kammern und die Vorkammer in Verbindung benutzt und waren jedesmal 2—3 Personen anwesend.

Wenn die Kammern anfangs denselben Wassergehalt haben, wie die Zimmerluft oder äußere Luft, so muß mit der Verdichtung der Luft durch Hinzufügung von fast der Hälfte der vorherigen Luftmenge dem Raume der Kammer auch in demselben Verhältnisse Wasserdampf zugeführt werden. Die Luft in der Kammer enthält also in demselben Volumen mehr Wasserdampf als vorher. Dieser Wasserdampf in der Kammer ist demnach bei derselben Temperatur wie außerhalb seinem Sättigungspunkte näher als außerhalb, d. h. die relative Feuchtigkeit ist größer in der Kammer und es gehört eine geringere Abkühlung dazu, um seine Verdichtung zu Wassertropfen oder Nebel herbeizuführen, als unter gewöhnlichen Verhältnissen. Diese Sättigung wird noch erhöht bei Anwesenheit von Menschen, welche Wasserdampf ausathmen und bei einer gleichzeitig unvollkommenen Ventilation. Dr. Lange sagt Seite 10 seines Schriftchens:

„Wenn nämlich bei warmem Wetter mehrere Personen die „Glocke (Kammer) benützen, so stellt sich trotz der beständigen „Lufterneuerung eine Schwängerung der Luft mit Feuchtigkeit „ein, die recht lästig wird. Diese Feuchtigkeit schlägt sich sogleich „an den durch das Wasser abgekühlten Metalldeckel (Decke der „Kammer) nieder, anfangs als dünner Beleg, dann sich zu Tropfen „verdichtend, die natürlich, wenn die Patienten nicht in einem „Regen sitzen sollen, zeitweise müssen abgewaschen werden."

Wir haben bei Gelegenheit des zweiten Versuches gesehen, daß die relative Feuchtigkeit geringer wurde, als die Temperatur in der Kammer stieg, daß sie größer wurde und endlich Nebelbildung eintrat mit der fallenden Temperatur. Indem wir eine stärkere Abkühlung beim Fallen des Druckes verhindern, haben wir also ein Hülfsmittel, um eine zu große Zunahme der Feuchtigkeit in der Luft der Kammern zu verhüten. Ein zweites weit durchgreifenderes Hilfsmittel liegt in einer hinreichenden Erneuerung der Luft in der Kammer, wodurch die Feuchtigkeit verhindert wird, sich in höherem Grade anzusammeln, als es die Verdichtung der Luft mit sich bringt. Mit Anwendung des ersten Hülfsmittels wäre auch dem Eintreten eines Gefühls von Kälte beim Fallen des Druckes vorgebeugt. Zur Annehmlichkeit des Aufenthaltes in der Kammer gehört aber auch die Abminderung desjenigen Temperaturwechsels, welcher durch die anfängliche stärkere Temperaturerhöhung beim Steigen des Druckes und die ihr entsprechende Erniedrigung durch Ausgleichung beim Eintritte des constanten Druckes stattfindet.

Man müßte also anfangs bis zur Erreichung der Druckhöhe die eintretende Luft abkühlen, dann erwärmen, und zwar zuletzt beim Fallen des Druckes stärker erwärmen, als vorher. Dabei müßte außerdem gut ventilirt werden.

Sind die technischen Einrichtungen zur Erfüllung dieser Zwecke mangelhaft, dann bleibt nur noch ein Auskunftsmittel, nämlich die Zeit des Ansteigens und des Fallens des Druckes so weit auszudehnen, daß die Ausgleichung mit der Zimmertemperatur zur Geltung kommen kann, wodurch die Temperaturveränderungen in der Kammer, wie wir gesehen haben, sehr gemäßigt werden können.

Ist man genöthigt zu diesem Hülfsmittel zu greifen, dann muß man aber an der Zeit abbrechen, welche für die Dauer des constanten Druckes bestimmt ist, und verliert dadurch den Hauptzweck der Sitzung, denn länger als zwei Stunden kann man sie nicht ausdehnen, ohne die Geduld der in der Kammer Verweilenden auf eine zu harte Probe zu stellen.

Bei dem Apparate der Gebrüder Mack sind die 3 Kammern mit der Vorkammer in einer solchen Weise mit einander verbunden, daß die Zimmertemperatur nur auf einen Theil jeder Kammer direkt einwirken kann, und deshalb war die Aufgabe hier noch schwieriger, als im Falle von einzeln stehenden Kammern, welche überall der Zimmertemperatur zugänglich sind, und wo die Temperatur aus diesem Grunde leichter zu reguliren ist. In der Figur III. sind die Verhältnisse der Temperatur, der Feuchtigkeit und des Druckes bei noch unvollkommenen Einrichtungen zur Erwärmung und Ventilation dargestellt. Sie gibt das Bild einer Sitzung vom 29. August 1866. Das Zimmer war geheizt wegen der kühlen äußeren Temperatur. Am Anfange der Sitzung wurde durch einen vor der Luftpumpe angebrachten Kühlapparat abgekühlt, dann wärmere Luft eingelassen. Eine theilweise Abkühlung war auch noch am Leitungsrohre angebracht. Zum Ansteigen des Druckes wurden 35 Minuten und für die Zeit des constanten Druckes ebenfalls nur 35 Minuten anstatt einer Stunde, und zum Fallen 55 Minuten verwandt. Die Sitzung dauerte also 2 Stunden und 5 Minuten. Beim Fallen half man sich dadurch, daß der Druck absatzweise herabgelassen wurde bis die dabei erzeugte Temperaturabnahme jedesmal etwa 0.3° betrug. Dann hielt man ein, bis diese Temperaturabnahme ganz oder nahezu wieder ausgeglichen war, und so fort. Für diese Operation waren immer 6—10 Minuten Zeit erforderlich. Es entstand so eine treppenförmige Gestalt der Druckcurve, welcher eine zickzackartige Form der Temperaturcurven entsprach. — Die Figur enthält noch zwei punktirte Linien, von denen die untere die Temperatur der Luft beim Eintritt in die Luftpumpe, die obere die Zimmertemperatur vorstellt. An der ersten erkennt man leicht den Punkt wo die Abkühlung eingestellt, und wärmere Luft zugelassen wurde.

Die Beobachtungen, welche zur Construction der Curve dienten, finden sich in den Tabellen am Schlusse.

Man bemerkt aus den Temperaturcurven, daß es allerdings gelang, die Spitze der ersten Temperaturerhöhung abzustumpfen; dann folgte ein Sinken durch Ausgleichung, um 1.4°. Dieser Uebergang, der auf 10 Minuten vertheilt war, wurde den in der Kammer Sitzenden nicht fühlbar. Endlich beim Fallen wurde die Temperatur zwar gleichmäßig erhalten, man sieht aber wie sich die Linien des trocknen und feuchten Thermometers einander immer mehr nähern, bis kurz vor dem Ende der Sitzung bei einer Differenz von 0.4° eine rasch vorübergehende Nebelbildung eintrat; die Luftfeuchtigkeit an jenem Tage war größer, als gewöhnlich, wie aus der geringen anfänglichen Differenz der Thermometer — 1.2° — hervorgeht. Ich muß aber außerdem noch hinzufügen, daß das Zuleitungsrohr für die Luft in Folge der an einem Abschnitte desselben angebrachten Abkühlung damals immer etwas Feuchtigkeit enthielt, welche sich im Laufe der Zeit als Wasser ansammelte. Wenn nun wärmere Luft hindurchströmte, so nahm sie Feuchtigkeit auf und steigerte ihre Sättigung, wodurch die Feuchtigkeit in der Kammer vermehrt wurde. Die etwas später erfolgte Entdeckung dieses Umstandes durch einen eigens zu diesem Zwecke angestellten Ver= such, aus dem Verhalten des Pfychrometers, veranlaßte dann die Ein= führung einer d o p p e l t e n L e i t u n g, für w a r m e und für k a l t e Luft.

J. L a n g e[1]) und v. V i v e n o t deuteten die Ursache der Wärme und Kältegefühle in der Kammer ganz richtig, als auf den erörterten physikalischen Verhältniffen beruhend und L a n g e erwähnt auch die Nebelbildung. Andere Autoren[2]) setzen diese Empfindungen zum Theil auf Rechnung von Vorgängen im Körper selbst. So B e r t i n[3]), indem er von einem Frösteln zur Zeit der Ausgleichung der höchsten Tempe= ratur, kurz nach Erreichung der Druckhöhe spricht: ces effets se lient d'une manière directe à l'action curative de l'air comprimé et peuvent mettre sur la voie des cas divers ou ce moyen trouve une indication rationelle.

Die Empfindlichkeit der einzelnen Personen ist sehr verschieden. Die meisten sind nicht sehr empfindlich und nehmen abwechselnde leichte Gefühle von Wärme und Abkühlung ohne Ueberlegung und Bemerkung hin, glauben auch wohl es müffe so sein. Andere, besonders solche, welche mit chronischen Catarrhen behaftet sind, haben dagegen eine große Empfindlichkeit, um so mehr wenn sie, wie häufig bei geschwächten Constitutionen der Fall ist, bei warmer Witterung beständig eine feuchte Haut haben. Die Mißstände der zu und abnehmenden Temperatur kommen übrigens auch in diesen Fällen erst zur Geltung, wenn bei mangelhaftem Luftwechsel eine Anhäufung von Feuchtigkeit in der Kammer stattfindet. Bei mittlerer Temperatur und trockner Luft haben Temperaturwechsel, wenn sie in mäßigen Grenzen bleiben, keine unan= genehmen Gefühle oder nachtheiligen Einflüffe zur Folge, während bei feuchter Luft eine kleine Abkühlung schon sehr empfindlich ist, wegen der dabei gehemmten Ausbünstung durch Haut und Lungen. Die meisten

---

[1]) Ueber comprimirte Luft 2c. von Dr. J. L a n g e, Göttingen 1864.

[2]) Eine Zusammenstellung findet sich bei v. V i v e n o t „zur Kenntniß der physiologischen und therapeutischen Wirkungen der comprimirten Luft" Erlangen 1868.

[3]) M. E. Bertin, etude Clinique de l'emploi et des effets du bain d'air comprimé. Paris 1855. St. 45 et 51.

Menschen, welche auf ihre Körperzustände achten, werden ähnliche Erfahrungen schon gemacht haben. [1]

Dieselbe Beobachtung, welche wir beim zweiten Versuche (Fig. 11) machten, daß bei steigender Wärme in der Kammer die relative Feuchtigkeit vermindert wurde, hatte auch v. Vivenot gemacht, als er im Apparate von G. Lange den Druck steigerte, ohne daß Personen in der Kammer sich befanden. Er fand aber, daß während der Sitzungen bei Anwesenheit mehrerer Personen die Feuchtigkeit durch den ausgeathmeten Wasserdampf so sehr vermehrt wurde, daß auch bei Erreichung der höchsten Temperatur die relative Feuchtigkeit nicht abgenommen sondern zugenommen hatte. Er sagt hierüber: „Diese Vermehrung „der Dämpfe ist es auch, welche namentlich in der heißen Jahreszeit den „Aufenthalt in verdichteter Luft unerträglich schwül und drückend er„scheinen läßt, wie denn auch die gewiß nicht übermäßige Lufttemperatur „des 18. Mai (21° C.) 12. Juli 2c. nach kurzem Aufenthalte in ver„dichteter Luft noch vor Erreichung der Druckhöhe, theils starken allge„meinen Schweißausbruch, theils wenigstens perlenden Stirnschweiß „bei mir hervorriefen."

Ehe ich nun zur Erörterung unsers wesentlichsten Hülfsmittels, der Ventilation übergehe, will ich zuerst die mit den verbesserten Hülfsmitteln hier eingeführte Methode der Leitung der Sitzungen und die dadurch erzielten Resultate angeben.

Am wenigsten Schwierigkeit macht im Sommer die bei ansteigenden Drucke erfolgende Erhöhung der Temperatur in der Kammer, weil bei größerer äußerer Wärme der menschliche Organismus auch eine höhere Temperatur der bewohnten Zimmer und ebenso der pneumatischen Kammer verlangt. Ein sehr kühles Zimmer, ohne Sonne im warmen Sommer wirkt zwar beim Eintreten aus der warmen Luft im Freien anfangs erfrischend, aber wenn der erste Augenblick vorüber ist, wirkt eine andauernde Abkühlung schädlich. Der Uebergang dagegen von einer

---

[1] Ich erlaube mir hier auf den Anhang „über den Einfluß der Temperatur und Feuchtigkeit auf die Gesundheit" in meinem Schriftchen „Die Kurmittel von Reichenhall" zu verweisen, München 1865 literarisch-artistische Anstalt.

[2] l. c. St. 115 und 134.

dieſes Umſtandes durch einen eigens zu dieſem Zwecke angeſtellten Ver=
ſuch, aus dem Verhalten des Pſychrometers, veranlaßte dann die Ein=
führung einer doppelten Leitung, für warme und für kalte
Luft.

J. Lange[1]) und v. Vivenot deuteten die Urſache der Wärme
und Kältegefühle in der Kammer ganz richtig, als auf den erörterten
phyſikaliſchen Verhältniſſen beruhend und Lange erwähnt auch die
Nebelbildung. Andere Autoren[2]) ſetzen dieſe Empfindungen zum Theil
auf Rechnung von Vorgängen im Körper ſelbſt. So Bertin[3]), indem
er von einem Fröſteln zur Zeit der Ausgleichung der höchſten Tempe=
ratur, kurz nach Erreichung der Druckhöhe ſpricht: ces effets se lient
d'une manière directe à l'action curative de l'air comprimé et
peuvent mettre sur la voie des cas divers ou ce moyen trouve
une indication rationelle.

Die Empfindlichkeit der einzelnen Perſonen iſt ſehr verſchieden.
Die meiſten ſind nicht ſehr empfindlich und nehmen abwechſelnde leichte
Gefühle von Wärme und Abkühlung ohne Ueberlegung und Bemerkung
hin, glauben auch wohl es müſſe ſo ſein. Andere, beſonders ſolche,
welche mit chroniſchen Catarrhen behaftet ſind, haben dagegen eine große
Empfindlichkeit, um ſo mehr wenn ſie, wie häufig bei geſchwächten
Conſtitutionen der Fall iſt, bei warmer Witterung beſtändig eine feuchte
Haut haben. Die Mißſtände der zu und abnehmenden Temperatur
kommen übrigens auch in dieſen Fällen erſt zur Geltung, wenn bei
mangelhaftem Luftwechſel eine Anhäufung von Feuchtigkeit in der
Kammer ſtattfindet. Bei mittlerer Temperatur und trockner Luft haben
Temperaturwechſel, wenn ſie in mäßigen Grenzen bleiben, keine unan=
genehmen Gefühle oder nachtheiligen Einflüſſe zur Folge, während bei
feuchter Luft eine kleine Abkühlung ſchon ſehr empfindlich iſt, wegen
der dabei gehemmten Ausbünſtung durch Haut und Lungen. Die meiſten

[1]) Ueber comprimirte Luft ꝛc. von Dr. J. Lange, Göttingen 1864.
[2]) Eine Zuſammenſtellung findet ſich bei v. Vivenot „zur Kenntniß der
phyſiologiſchen und therapeutiſchen Wirkungen der comprimirten Luft"
Erlangen 1868.
[3]) M. E. Bertin, etude Clinique de l'emploi et des effets du bain
d'air comprimé. Paris 1855. St. 45 et 51.

Menschen, welche auf ihre Körperzustände achten, werden ähnliche Er=
fahrungen schon gemacht haben. [1])

Dieselbe Beobachtung, welche wir beim zweiten Versuche (Fig. 11)
machten, daß bei steigender Wärme in der Kammer die relative Feuch=
tigkeit vermindert wurde, hatte auch v. Vivenot gemacht, als er im
Apparate von G. Lange den Druck steigerte, ohne daß Personen in
der Kammer sich befanden. Er fand aber, daß während der Sitzungen
bei Anwesenheit mehrerer Personen die Feuchtigkeit durch den aus=
geathmeten Wasserdampf so sehr vermehrt wurde, daß auch bei Er=
reichung der höchsten Temperatur die relative Feuchtigkeit nicht abge=
nommen sondern zugenommen hatte. Er sagt hierüber: „Diese Vermehrung
„der Dämpfe ist es auch, welche namentlich in der heißen Jahreszeit den
„Aufenthalt in verdichteter Luft unerträglich schwül und drückend er=
„scheinen läßt, wie denn auch die gewiß nicht übermäßige Lufttemperatur
„des 18. Mai (21° C.) 12. Juli ꝛc. nach kurzem Aufenthalte in ver=
„dichteter Luft noch vor Erreichung der Druckhöhe, theils starken allge=
„meinen Schweißausbruch, theils wenigstens perlenden Stirnschweiß
„bei mir hervorriefen." [2])

Ehe ich nun zur Erörterung unsers wesentlichsten Hülfsmittels,
der Ventilation übergehe, will ich zuerst die mit den verbesserten Hülfs=
mitteln hier eingeführte Methode der Leitung der Sitzungen
und die dadurch erzielten Resultate angeben.

Am wenigsten Schwierigkeit macht im Sommer die bei ansteigenden
Drucke erfolgende Erhöhung der Temperatur in der Kammer, weil bei
größerer äußerer Wärme der menschliche Organismus auch eine höhere
Temperatur der bewohnten Zimmer und ebenso der pneumatischen
Kammer verlangt. Ein sehr kühles Zimmer, ohne Sonne im warmen
Sommer wirkt zwar beim Eintreten aus der warmen Luft im Freien
anfangs erfrischend, aber wenn der erste Augenblick vorüber ist, wirkt
eine andauernde Abkühlung schädlich. Der Uebergang dagegen von einer

---

[1]) Ich erlaube mir hier auf den Anhang „über den Einfluß der Tempe=
ratur und Feuchtigkeit auf die Gesundheit" in meinem Schriftchen
„Die Kurmittel von Reichenhall" zu verweisen, München 1865 lite=
rarisch=artistische Anstalt.

[2]) l. c. St. 115 und 134.

etwas frischen Temperatur auf eine mittlere, der äußeren sich annähernde Wärme ist selbst im Sommer bei ruhigem Sitzen nie unbehaglich, wenn die Luft dabei trocken bleibt.

In der Kammer ist ein Sinken der Temperatur um 1.5° C. auf 10 Minuten vertheilt, noch nicht empfindlich, so lange sich die Schwankung innerhalb der Grenzen behaglicher Temperatur bewegt: 17°—23° C. oder 14°—18° R.

Man hat demnach einerseits dafür Sorge zu tragen, daß das Steigen der Temperatur im Anfange der Sitzung diese Grenze in der Richtung der Wärme nicht überschreite, und dann dafür, daß durch die nachfolgende Ausgleichung bei constantem Drucke keine zu rasche Abkühlung eintrete.

Diesen Zwecken wird auf folgende Weise zu genügen gesucht: Vor dem Beginne der Sitzung wird die Temperatur, wenn sie nicht schon kühl genug ist, durch kurzes Ansteigenlassen des Druckes um einige Centimeter und darauf folgendes rasches Ablassen der Luft auf 18—20° C. gebracht, je nach Maasgabe der äußeren Luftwärme. Dann läßt man von Beginn der Sitzung an bei steigendem Druck abgekühlte Luft zu, wodurch bis zur Erreichung der Druckhöhe in der ersten halben Stunde die Temperatur gewöhnlich auf 20—22° C. kommt — meist beträgt die Steigung 2.5°. Um eine rasche Ausgleichung zu verhüten wird kurz vor Erreichung der Druckhöhe schon die kalte Luft abgeschlossen und warme zugelassen. Dadurch wird das Fallen bei der Ausgleichung auf 0.7°—1.0° beschränkt, und auf längere Zeit vertheilt. Die warme Leitung erwärmt sich nun während der Dauer der Sitzung immer mehr und man bemerkt deßhalb gegen Ende der Zeit des constanten Druckes bisweilen eine kleine Temperaturerhöhung um etwa 0.3°. Später beim Fallen hat man dadurch den Vortheil, daß die ganze mittlere Temperaturabnahme selten mehr als 1° in einer halben Stunde beträgt.

Um die mittlere Temperatur während der Sitzung zu regeln, deren Ausdruck die Temperatur während der Zeit des constanten Druckes ist, benutzt man noch die Hülfsmittel der äußeren Anwendung von Wärme durch Heizung des Zimmers, und die schon erwähnten Vorrichtungen zur Abkühlung der Kammern. Selbst an Tagen von extremer Wärme, die hier selten sind, erreichte die höchste Temperatur in der

Kammer nie die gleichzeitig herrschende äußere Temperatur der Luft im Schatten.

Zur Sicherung einer guten Leitung der Sitzungen ist außerdem eine genaue Controle eingeführt. Der die Sitzungen leitende Gehülfe muß alle 5 Minuten den Druck und die Angaben des trockenen und nassen Thermometers aufschreiben. Solche Aufzeichnungen liegen jetzt von zwei Jahren vor, und ich gebe in folgender Figur ein Beispiel des Verhaltens der Temperatur, der Feuchtigkeit und des Druckes bei den verbesserten Einrichtungen. Fig. IV. verbildlicht die Resultate einer Sitzung vom 23. September 1868, wobei die äußere Temperatur im Mittel während der Sitzung 16.4° C. (13.1° R.) die des Zimmers etwas über 20° C. (16° R.) betrug.

Man bemerkt hier alle die oben erwähnten Eigenschaften des Ganges der Temperatur. Die Abnahme durch Ausgleichung nach Erreichung der Druckhöhe (32 Cm.) betrug nur 0.5° auf 20 Minuten vertheilt. Das Sinken der Temperatur beim Fallen des Druckes betrug nur 0.9° in einer halben Stunde. Die mittlere Temperatur während der Druckhöhe war 20.9° C. etwa so viel als die Zimmertemperatur zu derselben Zeit.

Außerdem sieht man wie die Differenz zwischen dem feuchten und trockenen Thermometer anfangs etwas zunimmt, und daß sie sich hernach nur sehr unbedeutend verändert; dieß ist wesentlich das Resultat der Ventilation. Es wurde am Ende der Sitzung die Wärme der einströmenden Luft an der Einmündungsstelle der warmen Leitung gemessen und 42° C. gefunden. Die zuletzt gemessene Temperatur in der Kammer war 19.9° C. — der Unterschied war zur Aufrechthaltung der Wärme in der Kammer verbraucht worden.

Eine Vergleichung dieser Figur mit der vorigen zeigt die wesentlichen Fortschritte, welche erreicht worden sind. Die Linie des Druckes ist vollkommen regelmäßig, die Dauer des constanten Druckes ist eine Stunde. Die Temperatur, mit Ausnahme der ersten Steigung ist gleichmäßig. Vor Allem aber ist die Feuchtigkeit eine sehr geringe, sie unterliegt kaum einer Veränderung. Die anfängliche Differenz der Thermometer betrug 1.7°, die schließliche 1.4°.

Die Erfahrungen seit Einrichtung unserer Ventilation beweisen, daß alle Gefühle von Beklemmung und allgemeinem Unbehagen,

Schwüle ꝛc., welche empfindliche Personen in der Kammer vorher bis=
weilen erfahren hatten, nur in einer unvollkommenen Ventilation be=
gründet waren. Ein mangelhafter Luftwechsel veranlaßt nicht nur eine
Anhäufung von Kohlensäure*) sondern besonders eine Anhäufung von
ausgeathmeter Feuchtigkeit, wodurch die gewohnte Abgabe von Wasser=
dampf durch Haut und Lungen gehemmt wird. Wesentlich hievon sind
alle bei v. Vivenot und anderen hervorgehobenen Beschwerden abzuleiten.

Man hat für die relative Feuchtigkeit in der Beobachtung des
Psychrometers einen zur Leitung der Sitzungen im Groben hinreichend
genauen Maßstab. Man muß immer dabei beachten, daß die Diffe=
renz der Thermometer sich bei steigender Wärme gegen die Differenz
am Anfang der Sitzung etwas vergrößere, und daß sie am Ende der
Sitzung nur wenig geringer sei, als am Anfang.

Um für die Ventilation der Kammern eine richtige Grundlage zu
bekommen eignet sich dagegen der von v. Pettenkofer schon einge=
schlagene Weg der Kohlensäurebestimmung besser. Den Koh=
lensäuregehalt der Luft zu 0.05 pCt. als feststehend angenommen, be=
stimmt v. Pettenkofer das Minimum des Kohlensäuregehaltes der
Zimmerluft welchen man bei Beurtheilung der Ventilation von Kran=
kensälen zu Grunde legen soll, zu 0.07 pCt. Er legt dabei neben
der ausgeathmeten Kohlensäure besonderes Gewicht auf andere gas=
förmige Producte, welche in Folge von Krankheitsprozessen in solchen
Räumen entstehen und für deren Entfernung der oben bestimmte Mi=
nimalgehalt der Luft an Kohlensäure einen sicheren Maaßstab giebt.
Derartige Ausscheidungen kommen unter Personen, welche die pneuma=
tische Kammer benützen, nicht vor, und wir nehmen daher den Gehalt
der Luft eines großen und gut gelüfteten bewohnten Zimmers an
Kohlensäure zum Maasstabe unserer Ventilation.

---

*) Nach Panum enthielt die Luft der pneumatischen Kammer nach zwei=
stündigem Aufenthalt von einer Person 0.16 Volumprocent Kohlensäure
nach ebensolangem Aufenthalt von 3 Personen 0.25 — 0.29 pCt. von
4 Personen 0.40 pCt. Nach eigenen Beobachtungen unter denselben
Umständen enthielt die Luft bei 2 Personen und gewöhnlicher (schlechter)
Ventilation 0.37 pCt. bei mäßiger Ventilation 0.25 pCt., im Mittel
von 4 Sitzungen.

**) Ueber den Luftwechsel in Wohngebäuden von Dr. Max v Petten=
kofer. München, literar.= artist. Anst. 1858.

Ich fand diesen Gehalt bei verschiedenen Bestimmungen zwischen 0.07 pCt. und 0.15 pCt. wechselnd, im Mittel etwa 0.10 pCt.

Halten wir uns an v. Pettenkofer's Annahme, daß eine Person im Mittel in der Stunde 300 Liter trockene Luft ausathme mit 4 pCt. ihres Volums Kohlensäuregehalt, so besteht die Aufgabe darin, daß diese Luft mit so viel frischer Luft von geringerem Kohlensäuregehalt vermischt werde, daß der Kohlensäuregehalt der Mischung nicht größer ist als 0.10 pCt. Das heißt mit anderen Worten, der Athemluft muß so viel andere Luft beigemischt werden, daß in 1000 Volumtheilen der Mischung 999 Volumtheile ganz reiner Luft und nur 1 Theil Kohlensäure sich befinden. Als Mittel zur Mischung dient die Luft aus dem Freien, welche 0.05 pCt. oder in 1000 Volumtheilen nur ein halbes Volum Kohlensäure enthält, die also noch ein halbes Volum aufnehmen kann, um den zu 0.10 pCt. bestimmten Gehalt zu bekommen. Die trockene Athemluft enthält wie bemerkt 4 pCt., oder 300 Liter solcher Luft enthalten 12 Liter Kohlensäure. Wenn man reine Luft zuströmen läßt, so wird man demnach auf jedes halbe Liter Kohlensäure der ausgeathmeten Luft 1000 Liter reine Luft brauchen, um den gewünschten Gehalt zu haben. Das macht bei 12 Liter ausgeathmeter Kohlensäure 24000 Liter Luft in der Stunde für je eine Person.

Nach Dr. G. Lange's[*]) Beschreibung seines Apparates hat seine Luftpumpe in rhein. Maaß 6 Zoll Durchmesser und 9 Zoll Kolbenhub, also 254.34 Cubitzoll = 4.547 Liter Inhalt und befördert, da sie doppeltwirkend ist, bei jedem Hub das Doppelte, nämlich 9.094 Liter. Sie macht in der Minute 30 Hub, kann aber, wenn nöthig 60 Hub ausführen. Das würde bei gewöhnlichem Gang der Luftpumpe in der Minute etwa 273 Liter und in der Stunde 16369 Liter ergeben, bei raschem Gang mit 60 Hub in der Minute das Doppelte, nämlich 32738 Liter in der Stunde. Dies reicht bei gewöhnlichem Gange nach unserer Berechnung für eine Person nicht hin, bei dem raschesten Gange kaum für zwei Personen, für welche nicht 60 sondern 87 Hub

*) Der Pneumatische Apparat von Dr. Lange. Wiesbaden 1861.

in der Minute nöthig sein würden. Es wird aber bei v. Vivenot*) angegeben, daß häufig 3 und auch bisweilen 4 Personen in der Kammer saßen. Man sieht, daß diese Ventilation unzureichend sein mußte, was durch die bei v. Vivenot und Lange hervorgehobenen Angaben über die Feuchtigkeit der Luft in der Kammer schon wahrscheinlich gemacht wurde.

Die Luftpumpe der Gebr. Mack, welche mit Dampf getrieben wird, fördert auf einen Hub 27.3 Liter. Für gewöhnlich macht die Pumpe 80—100 Hub in der Minute, und wenn alle Kammern besetzt sind 140 und darüber. Es sind für eine Person 24000 Liter also für 9 Personen 216000 Liter in der Stunde erforderlich. Dazu braucht man 7912 Hub, also 131—132 Hub in der Minute.

Wie schon bemerkt, wird die Ventilation bewirkt, indem an jeder Kammer ein Abzugshahn in hinreichender Weite geöffnet bleibt, um immer ausreichenden und möglichst gleichmäßigen Abfluß der Luft zu gestatten. Zur Herstellung des Druckes muß also ein Ueberschuß von Luft in den Apparat eingeführt werden, dessen Zu= und Abfluß durch den Hahn geregelt wird, welcher am Abzugsrohre der Vorkammer angebracht ist.

Controlirt wird die Ventilation durch Herausnahme von Luft aus den Kammern vermittelst kleiner in den Wänden angebrachter Hähne. Dies geschieht 1½ Stunden nach Beginn einer Sitzung. Die Luft wird in Flaschen von bekanntem Inhalt, etwa 6 Liter, eingelassen bis die in den Flaschen befindliche Zimmerluft ausgetrieben ist; dann wird die Kohlensäure durch Schütteln mit Barytwasser gefällt und vermittelst Oxalsäure nach der Pettenkofer'schen Methode titrirt**). Diese Bestimmungen werden in jedem Jahre von Neuem für eine und mehrere Personen und für jede Kammer gemacht und so oft wiederholt, bis man die genaue Stellung des Abzugshahnes kennt, bei welcher der Gehalt an Kohlensäure mit 1, 2 und 3 Personen in der Kammer das richtige ist. Diese drei Punkte werden dann auf einer Scala bemerkt,

---

*) v. Vivenot, l. c. S. 125 ff.

**) Dr. M. v. Pettenkofer, l. c. Dr. G. v. Liebig, Ueber das Athmen unter erhöhtem Luftdruck. Zeitschr. für Biologie 1869 I Heft bei R. Oldenbourg. München.

welche an dem Hahne angebracht wird, und welche seither in jedem
Jahre erneuert wurde. Eine feste Scala von Metall ist bis jetzt noch
nicht hergestellt worden, und ich ziehe es vor, die Bestimmungen jedes
Jahr erneuern zu lassen, weil man dadurch zugleich die Dichtheit des
Apparates und der Leitung controliren kann.

Durch eine werthvolle Reihe von Arbeiten, welche v. Vivènot
über verdichtete Luft in seinem oben erwähnten Werke niedergelegt hat,
sind wir im Stande die Resultate unserer verstärkten Ventilation mit
der Ventilation des Johannisberger Apparates zu vergleichen, der
wohl damals unter die am besten geleiteten gezählt haben dürfte.

v. Vivènot hat die Differenzen des trockenen und feuchten Ther=
mometers in der pneumatischen Kammer des Johannisberger Appa=
rates aus 80 Sitzungen in den Monaten Mai, Juni und Juli 1864
zusammengestellt. Er beobachtete viermal während der Sitzung 1) am An=
fange der Sitzung ohne Druck, 2) bei Erreichung des hohen Druckes, 3) vor
Beginn des Fallens, am Ende des hohen Druckes, 4) am Ende der
Sitzung nach dem Ablassen des Druckes. Zum Vergleiche mit den
Mitteln aus v. Vivènots Beobachtungen eignen sich die Mittel von
46 Sitzungen im Monat August 1868 in Reichenhall am besten, da
das Mittel der Differenz am Anfang der Sitzung hier das Gleiche
ist, wie in Johannisberg. Beide Reihen fallen in die warme Jahres=
zeit und die Temperaturen des trockenen Thermometers am Anfange
der Sitzung — in Johannisberg 18.6° C., in Reichenhall 18.3° C.
— sind fast gleich. Man dürfte also unter diesen sehr ähnlichen Um=
ständen auch einen ähnlichen Gang der Feuchtigkeit erwarten.

Um auch das mittlere Verhalten der Feuchtigkeit bei den Sitzungen
in der pneumatischen Kammer in Reichenhall zu geben, reihe ich die
Mittel der Differenzen aus den ersten 10 Sitzungen jeden Monats von
Mai bis September 1868, also aus 50 Beobachtungen an.

Differenzen des trocenen und feuchten
Thermometers.

	1.	2.	3.	4.
	Am Anfang d. Sitzung	bei Erreich. des hohen Druckes	vor dem Fallen.	am Ende d. Sitzung.
	° C.	° C.	° C.	° C.
Johannisberg Anfangstemp. 18.6° C.	1.6	1.2	0.7	0.6
Reichenhall Anfangstemp. 18.3° C.	1.6	1.8	1.4	1.2
Reichenhall Mai — September.	2.0	2.1	1.6	1.5

Man bemerkt, daß in Johannisberg die Feuchtigkeit von Anfang an rasch zunimmt, so daß zuletzt (4) die Differenz um 1° C., also nahezu um zwei Drittheile kleiner ist, als Anfangs. Man findet unter v. Bivenot's Aufzeichnungen einigemal die schließliche Differenz nur 0.1° und häufig beträgt sie 0.25° — 0.40° (0.1°, 0.2°, 0.3° R.). Der Gang der Feuchtigkeit stimmte also in Johannisberg etwa mit dem Verhalten der Feuchtigkeit in unserer Fig. III überein.

In Reichenhall bemerkt man eine kleine Zunahme der Differenz, also Abnahme der Feuchtigkeit bei Erreichung der Druckhöhe (2) und eine darauffolgende Abnahme der Differenz, welche schließlich im Durch=schnitt nur um ein Viertheil kleiner ist, als die anfangs bestehende. Bei den Sitzungen des August, welche eine gleiche anfängliche Differenz mit Johannisberg haben, ist die schließliche Differenz gerade doppelt so groß als in Johannisberg, die relative Feuchtigkeit also in einem ähnlichen Verhältniß geringer.

Bei den Sitzungen in Reichenhall waren nie unter 3 Personen in der Kammer anwesend, und trotzdem erkennt man noch eine Abnahme der Feuchtigkeit (Zunahme der Differenz) beim Erreichen der Druckhöhe (2), ein Verhalten welches dem Gesetze in der leeren Kammer ent=spricht. In Johannisberg ist diese Abnahme der Feuchtigkeit bei Erreichung der Druckhöhe durch die unzureichende Ventilation in das Gegentheil, nämlich in eine starke Zunahme verwandelt.

Seit der Einführung der Ventilation haben wir nie mehr Kla=
gen über unbehagliche Gefühle irgend einer Art gehabt und nervöse
Personen, welche eine Scheu vor der Kammer hatten, weil sie an anderen
Orten den Versuch wegen Beengung 2c. nicht fortsetzen konnten, er=
klärten sich sehr behaglich zu fühlen und gingen mit Vorliebe in die
Sitzungen.

Es dürfte hier der Ort sein, die gewöhnlichen Ansichten über
Ventilation etwas näher zu beleuchten.

Es wird bisweilen angenommen, daß die Ventilation hinreichend
sei, wenn in einer bestimmten Zeit so viel Luft zugeführt werde, als
der Athmende verbraucht. So berechnet Dr. G. Lange, die Luftmenge
eines Athemzuges zu 600 Cubikcentimeter oder 0.6 Liter angenommen,
daß ein Mensch, der in der Minute 20 Athemzüge thut in dieser Zeit
12 Liter Luft brauche, und daß also seine Luftpumpe, wenn sie in
einer Minute 273 Liter Luft in die Kammer pumpt, damit die für
22 Menschen nöthige Menge Luft liefere.

Er mußte demnach überzeugt sein, daß seine Ventilation für 3
—4 Menschen überflüssig ausreichen werde. Nach unserer obigen Berech=
nung braucht aber eine Person allein schon 400 Liter Luft in der Minute.

Diese Betrachtungsweise würde ganz richtig sein, wenn dafür ge=
sorgt wäre, daß für jedes Liter Luft, welches die Luftpumpe in die
Kammer einführt, auch ein Liter eben ausgeathmeter Luft hinaus=
gehe. Man hat aber die Luft in dieser Weise nicht in der Gewalt,
sondern es wird sich die ausgeathmete Luft mit der schon vorhandenen
mischen und die eingepumpte auch, und von der Mischung wird dann
abfließen. Ist also die zugeführte Luftmenge gering, dann ist es auch
die abfließende und es muß sich in der Kammer eine große Menge
ausgeathmeter Luft mit Kohlensäure und Wasserdampf anhäufen.

Es ist schwer, sich einen deutlichen Begriff von der Menge des
ausgeathmeten Wasserdampfes zu machen. Angenommen die Luft eines
Raumes sei trocken und besitze eine Temperatur von 35.5° C. (die
mittlere Temperatur der ausgeathmeten Luft). Nehmen wir ferner an
es werden in der Viertelstunde von einer Person 100 Liter dieser Luft
eingeathmet, so wird ihr Volum durch Beimischung von gesättigtem
Wasserdampf in der Lunge größer werden und es werden mehr als
100 Liter ausgeathmet werden. Diese Zunahme beträgt bei dem hier

gewöhnlichen Barometerstand*) 6 Liter. Ist die eingeathmete Luft nicht 35,5° warm, dann erwärmt sie sich in der Lunge auf diese Höhe und nimmt den bei dieser Temperatur gesättigten Wasserdampf mit. Man sieht daran wenigstens, daß der ausgeathmete Wasserdampf eine Größe ausmacht und Beachtung verdient.

Es wird auch wohl vorausgesetzt, die Ventilation der Kammer müsse gut sein, wenn durch die Thätigkeit der Luftpumpe ein dem Volum der Kammer gleiches Volum Luft in sehr kurzer Zeit eingepumpt werde, welche die in der Kammer befindliche nicht mehr reine Luft verdränge und ersetze. Dr. Lange's Kammer hat 226.08 Kubikfuß rhein. = 6989 Liter Inhalt, welcher mit 768 Hub seiner Luftpumpe gefördert wird. Dazu sind bei 60 Hub in der Minute nur etwa 13 Minuten nothwendig. Da sich aber die mit jedem Kolbenstoße neu eingeführte Luft mit der vorhandenen mehr oder weniger gleichmäßig mischt, so wird, während ein Theil der alten Luft ausströmt, auch schon ein Theil der neuen gleichzeitig entweichen. Auf diese Weise würde nach 13 Minuten immer noch ein großer Theil der alten Luft in der Kammer zurück sein.

Eine annähernde Berechnung der wirklich nöthigen Zeit um bei vorausgesetzter gleichmäßiger Mischung der eintretenden Luft den anfänglichen Inhalt der Kammer bis auf einen kleinen Theil auszutreiben beruht auf folgender Betrachtung, bei welcher eine Drucksteigerung noch nicht hinzugezogen wird.

Setzen wir den Inhalt der Luftpumpe (eines Doppelhubes) = a, den Inhalt der Kammer = ma, und nehmen wir an, daß die durch den ersten Kolbenhub eingeführte Luftmenge a, während sie in die Kammer eintritt, eine gleiche Menge der vorhandenen Luft austreibe, und daß sie sich hernach gleichmäßig mit dem Inhalt der Kammer mische. Der zweite Stoß der Luftpumpe treibt nun schon ein seinem Volum gleiche Menge der Mischung aus, und so fort; die Menge der zugemischten neuen Luft wird mit jedem Stoße größer, also geht auch mit jedem neuen Stoße mehr von der neuen Luft und weniger von der alten hinaus als mit dem vorigen, bis schließlich mit dem letzten Stoße das Verhältniß der noch beigemischten alten Luft verschwindend klein ist. Sum-

*) 720 Millim.

mirt man schließlich die von jedem einzelnen Stoße zurückgebliebenen Mengen der neuen Luft, so erhält man eine geometrische Reihe, deren einzelne Glieder die von jedem einzelnen Kolbenstoße zurückgebliebene Luftmenge ausdrücken. Ihre Summe ist der Inhalt der Kammer, für welchen man bis zu jedem beliebigen Bruchtheile die nöthige Anzahl der Kolbenstöße nach bekannten Regeln berechnen kann.

Angenommen, man will wissen, wie viele Kolbenstöße nöthig sind, um von dem Volum der in der Kammer zuerst vorhandenen Luft $^{99}/_{100}$ auszutreiben und durch neue zu ersetzen. Diese Zahl der Kolben= stöße, $= n$ gesetzt, findet man mit Hülfe der folgenden Formel

$$\frac{1}{(1 - 0,99)\, m'} = m'^{\,n-1}$$

wobei $m' = \dfrac{m}{m-1}$. Die Größe m erhält man durch Division des Inhaltes der Kammer ma mit dem Inhalte der Luftpumpe a. Setzt man die Werthe ein in Litern, so hat man, nach den oben ange= gebenen Größen der Lange'schen Luftpumpe und Kammer $a = 9.094$ Liter, $ma = 6989.45$ Liter, $m = 768.578$, log. $m' = 0.0005655$ und man findet

$$n - 1 = 3535.7$$
$$n = 3536.7 \text{ Doppelhub des Kolbens.}$$

Mit 60 Kolbenhub in der Minute und bei der wirklichen Größe der Luft= pumpe würden demnach etwa 59 Minuten, also eine Stunde nöthig sein, um $^{99}/_{100}$ des Volums der Kammer auszutreiben und durch neue Luft zu ersetzen.

Wäre die Luftpumpe doppelt so groß, so würde man nahezu blos die Hälfte der gefundenen Zahl erhalten, nämlich

$$n = 1767.2 \text{ Kolbenhub.}$$

Wenn die Luft in der Kammer unter einem constanten Ueberdruck von 32 Cm. steht, dann wird auch die Luft in der Luftpumpe zuerst auf denselben Druck zusammengepreßt werden müssen, ehe sie in die Leitung und in die Kammern eintreten kann. Das zusammengepreßte Volum der Luft in der Luftpumpe a' wird sich dann zu dem gewöhn= lichen Volum umgekehrt verhalten wie der jedem Volum zukommende Druck und es wird also kleiner werden, weil sein Druck um 32 Cm. größer ist. Der gewöhnliche Luftdruck in Johannisberg gleich 76 Cm.

Queckſilberhöhe angenommen, wird der um 32 Cm. erhöhte Druck = 108 Cm. ſein.

So hat man

$$a : a' = 108 : 76, \; a' = a \times \frac{76}{108} = 9.094 \times 0.7 \text{ oder}$$

6.4 Liter. Mit dieſem kleinen Volum des Kolbenhubes braucht man natürlich eine größere Anzahl von Kolbenhüben um den gewünſchten Erfolg zu erzielen, und man findet bei 32 Cm. Ueberdruck

$$n = 5027.6 \text{ Kolbenhub,}$$

wozu bei 60 Hub in der Minute etwa 84 Minuten oder 1 Stunde 24 Minute nöthig ſind.

Dieſe Berechnung giebt einen annähernden Begriff von der zur Erneuerung der Luft in der Kammer nöthigen Luftmenge und auch zugleich, wie viel von der ausgeathmeten Luft mit ihrer Kohlenſäure und Feuchtigkeit nach einer beſtimmten Zeit noch in der Kammer zu= rückbleiben kann, bei Anwendung einer kleinen Luftpumpe und langſa= mer Arbeit derſelben. Mit der Größe der Luftpumpe nimmt die An= zahl der nöthigen Kolbenhübe etwas raſcher als im geraden Verhältniß ab, und mit der Schnelligkeit ihres Ganges nimmt die Zeit ab.

Die Vorausſetzung einer gleichmäßigen Miſchung iſt gewiß nicht ganz zutreffend, denn ſowohl die Größe der Pumpe, als die Schnellig= keit ihres Ganges hat Einfluß darauf. Allein durch verſchiedene An= nahmen und Verſuche laſſen ſich mit Hülfe der Formel die Grenzen eng genug feſtſetzen, zwiſchen denen man ſich bewegt und man erhält durch die Reſultate der Rechnung dann wenigſtens einen richtigen Be= griff von dem Vorgange.

Beobachtungen, welche zur Construction der Curven
dienten*)
Versuch I.

Zeit.	Ueberdruck Millimeter.	Temperatur. ° C.
11 Uhr 17 Min.	0	Anfang
18 „	74	19.7
19 „	156	21.2
20.5 „	244	23.5
21 „	314	24.6
22.5 „	324	25.5
24.5 „	324	24.5
25.7 „	324	23.3
27 „	320	22.5
27.5 „	324	22.0
29.5 „	324	21.5
32.3 „	324	21.0
39.5 „	320	20.65
42.3 „	318	20.65
44.3 „	322	20.65
49 „	320	20.65
51.5 „	314	20.55
54 „	320	20.6
58.5 „	320	20.65
12 Uhr 5 „	320	20.65
9 „	322	20.65
14 „	324	20.65
17.5 „	318	20.7
25.5 „	322	20.5
27 „	318	20.65
36.5 „	324	20.65
39.5 „	320	20.65
41 „	320	20.65
42 „	abgelassen.	17.0 } starker
44 „	0	15.0 } Nebel
51 „	Die Pumpe geht ohne Druck	
55 „	„	19.5
1 Uhr 1 „	„	19.8
5 „	„	19.8

*) Die Nullpunkte der beiden Thermometer des Psychrometers liegen bei
0,8° und sämmtliche Temperaturangaben müssen demnach um 0,8° vermindert werden, um die wahre Temperatur zu erhalten. Die Temperaturangaben im Texte sind bereits corrigirt.

Verſuch II.

Zeit.	Ueberdruck Millimeter	feuchtes Ther= mometer.	Trockenes Therm.
11 Uhr 24 Min.	0	Anfang	
25 "	—	18.7	19.7
26 "	174	20.3	21.7
28 "	258	22.4	24.3
30 "	280	22.7	24.7
31 "	292	22.5	24.4
34 "	304	21.8	23.3
35 "	302	21.3	22.5
39 "	214	19.6	20.1
40 "	190	19.2	19.6
41 "	174	19.0	19.1 Nebel.
42.5 "	152	18.6	18.6
45 "	104	18.0	18.0
46 "	86	17.8	17.9
49 "	60	17.7	17.9
50 "	50	17.8	18.0
55 "	38	18.0	18.5
58 "	8	18.2	18.9
12 Uhr — "	4	18.3	19.0

Sitzung am 29. Auguſt 1866.*)

Zeit.	Ueberdruck.	Feuchtes Thermom. ° C.	Trockenes Thermom. ° C.	Zimmer ° C.	vor der Luftpum- pe ° C.
9 Uhr 15 Min.	0	17.9	19.1	22.1	
17 "	24	18:1	19.5		
19 "	32	18.5	19.8		17.7
24.5 "	44	19.1	20.3		
28 "	112	19.6	20.9	23.8	
32.5 "	138	19.7	20.9		17.7
39.5 "	224	20.0	21.3		

*) Hier müſſen ebenfalls alle Angaben um 0,8° vermindert werden, auch die für die Temperaturen des Zimmers und im Freien, ſowie vor der Luftpumpe weil Alle auf die Thermometer des Pſychrometers reducirt ſind.

3

Zeit.	Ueberdruck	Feuchtes Thermom. ° C.	Trockenes Thermom. ° C.	Zimmer ° C.	vor der Luftpumpe ° C.
9 Uhr 44.5 Min.	258	20.1	21.2		
49 „	310	20.1	21.3		17.0
50.5 „	318	20.2	21.4		21.5
55.5 „	318	19.7	20.65	23.5	
10 Uhr 1 „	316	19.2	20.1		
7.5 „	322	19.1	19.9		
18.5 „	320	19.1	19.9		
23 „	320 fällt	19.1	19.9	22.5	
26.5 „	294	18.8	19.5		
32.5 „	294	19.1	19.8		
35 „	272	18.8	19.5		21.9
42.5 „	276	19.1	19.8		
45.5 „	244	18.8	19.4		
52 „	246	19.1	19.8		
55 „	194	18.65	19.1		
59 „	196	18.7	19.4	22.0	21.0
11 Uhr 2 „	144	18.4	18.8		
5 „	144	18.7	19.3		
8 „	104	18.4	18.8	Nebel	
10 „	104	18.5	19.0		
12.5 „	70	18.3	18.7		
17 „	74	18.7	19.4		
19 „	0	18.4	18.9	Nebel	
21 „	—	—	—	22.0	

Sitzung am 23. September 1868.

Zeit.	Ueberdruck	Feuchtes Thermom. °C.	Trockenes Thermom. °C.	Zimmer °C.	im Freien
9 Uhr 0 Min.	0	17.5	19.2	19.8	17.8
5 „	60	18.2	20.2		
10 „	120	19.2	21.2		17.2
15 „	180	19.6	21.7		
20 „	250	20.0	21.7		
25 „	320	20.2	22.0		
30 „	320	20.1	21.9		
35 „	320	20.1	21.7		
40 „	320	20.0	21.5		
45 „	320	20.0	21.5		
50 „	320	20.0	21.5		
55 „	320	20.0	21.5		
60 „	320	20.1	21.6		
10 Uhr 5 „	320	20.2	21.7		
10 „	320	20.2	21.7		
15 „	320	20.2	21.7		
20 „	320	20.2	21.7	22.0	17.2
25 „	320	20.4	21.8		
	fällt				
30 „	280	20.2	21.5		
35 „	240	20.1	21.5		
40 „	190	19.8	21.3	20.8	16.6
45 „	130	19.6	21.1		
50 „	65	19.5	20.9		
55 „	35	19.4	20.9		
57 „	0	19.5	20.9	21.4	16.6

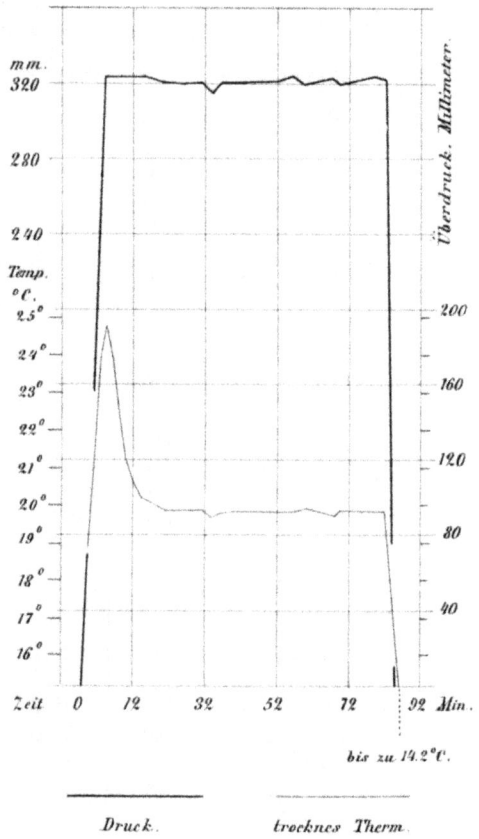

mm.
320
280
240
Temp.
°C.
25°
24°
23°
22°
21°
20°
19°
18°
17°
16°

Überdruck. Millimeter.
200
160
120
80
40

Zeit   0   12   32   52   72   92 Min.

bis zu 14.2°C.

Druck.   trocknes Therm.

Fig. III. Sitzung am 29 Aug. 1866.

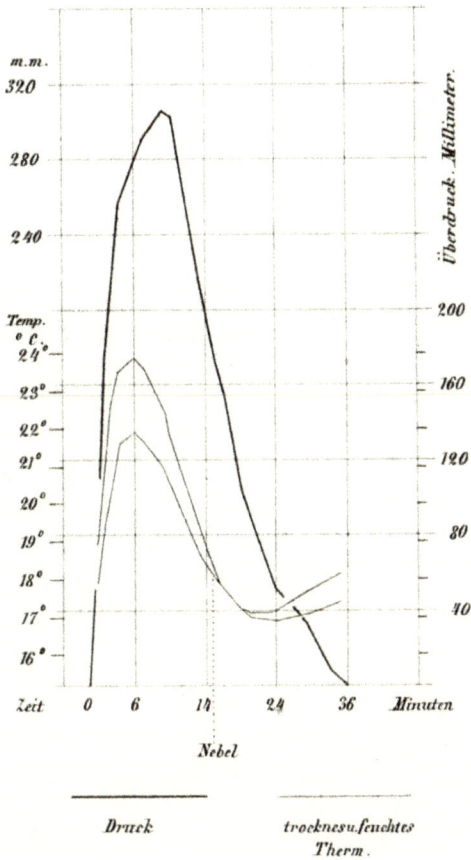

m.m.
320
280
240

Temp.
° C.
24°
23°
22°
21°
20°
19°
18°
17°
16°

Zeit   0   6   14   24   36   Minuten

Überdruck Millimeter.
200
160
120
80
40

Nebel

———————   — — — — —
Druck   trocknes u. feuchtes
                        Therm.

Fig. IV. Sitzung am 23 Sept. 1868.

Fig. III. Sitzung am 29 Aug. 1866.

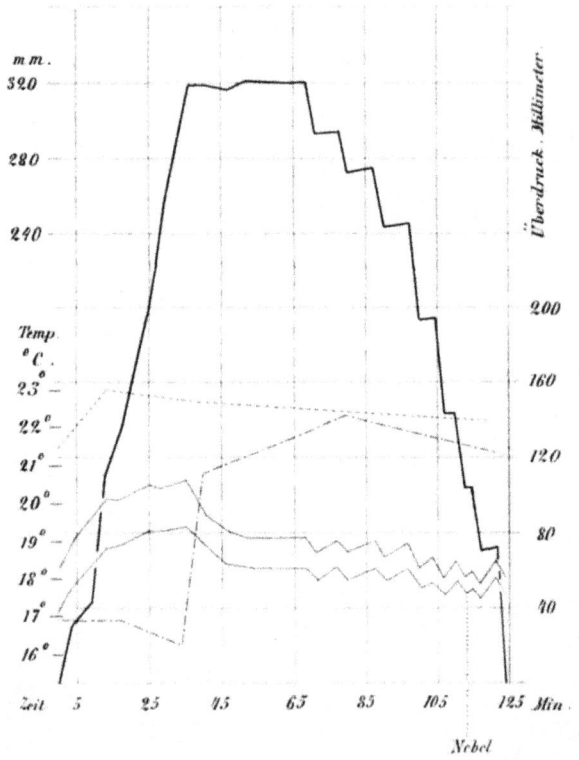

Druck   tr.u.feucht.   Temp. des   Tp.d.Luft vor
          Therm.   Zimmers.   d.Luftpumpe.

m.m.
320

280

240

Temp.
° C.
24°
23°
22°
21°
20°
19°
18°
17°
16°

Zeit   0   6   14   24   36   Minuten

Nebel

Überdruck. Millimeter.

200

160

120

80

40

Druck   trocknesu. feuchtes
                          Therm.

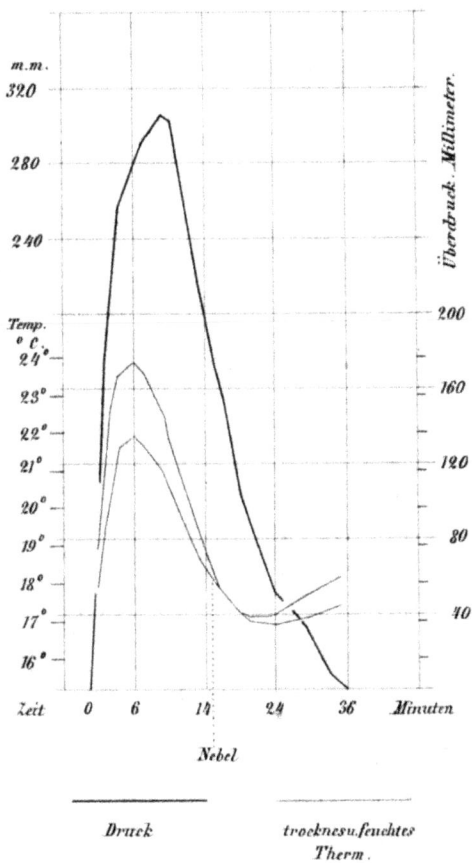

Fig. IV. Sitzung am 23 Sept. 1868.

Fig. III. Sitzung am 29 Aug. 1866.

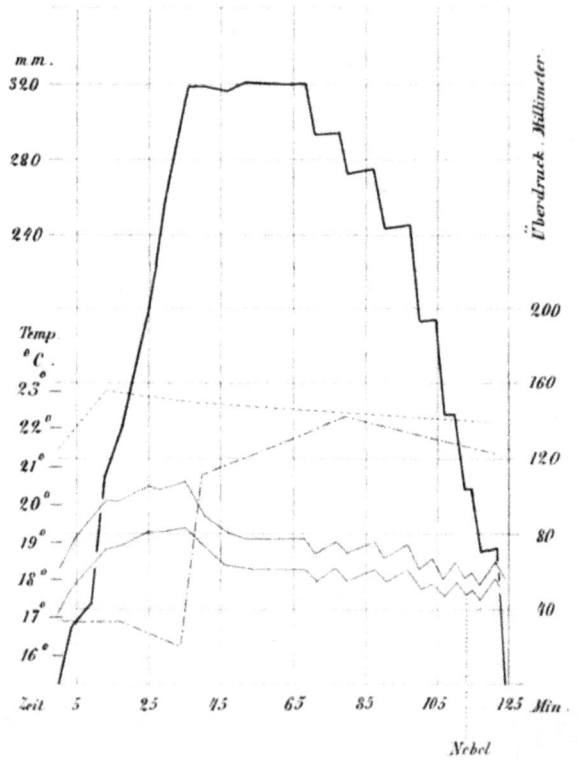

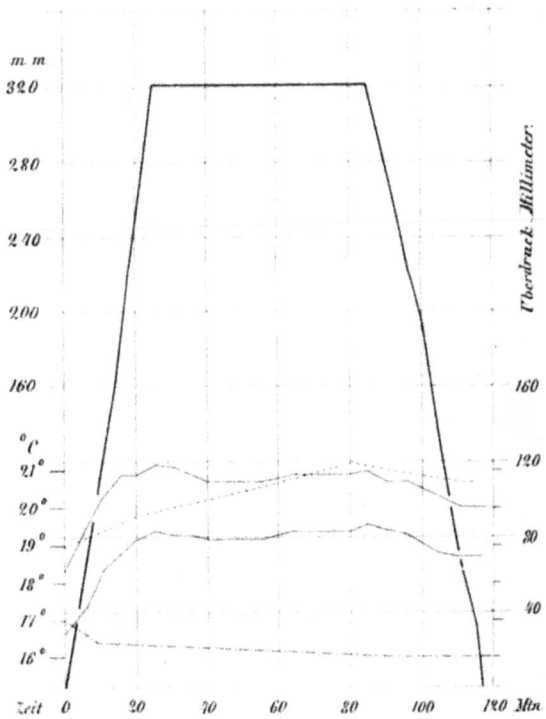

Fig. IV. Sitzung am 23 Sept. 1868.